**MathStart**®

洛克数学启蒙④

MathStart®
洛克数学启蒙④

[美]斯图尔特·J.墨菲 文　　　[美]史蒂夫·比约克曼 图　　静博 译

海峡出版发行集团
THE STRAITS PUBLISHING & DISTRIBUTING GROUP
福建少年儿童出版社
FUJIAN CHILDREN'S PUBLISHING HOUSE

百分比

献给埃德娜和拉里——以及快乐的特尔·莫伦营员们。

——斯图尔特·J.墨菲

著作权合同登记号：图字 13-2023-038号

图书在版编目（CIP）数据

洛克数学启蒙. 4. 灰熊日报 / (美) 斯图尔特·J. 墨菲文；(美) 史蒂夫·比约克曼图；静博译. -- 福州：福建少年儿童出版社，2023.9

ISBN 978-7-5395-8250-4

Ⅰ.①洛… Ⅱ.①斯… ②史… ③静… Ⅲ.①数学 - 儿童读物 Ⅳ.①O1-49

中国国家版本馆CIP数据核字(2023)第074665号

LUOKE SHUXUE QIMENG 4 · HUIXIONG RIBAO

洛克数学启蒙4·灰熊日报

著　　者：[美]斯图尔特·J.墨菲　文　[美]史蒂夫·比约克曼　图　静博　译
出 版 人：陈远　出版发行：福建少年儿童出版社　http://www.fjcp.com　e-mail:fcph@fjcp.com　社址：福州市东水路 76 号 17 层（邮编：350001）
选题策划：洛克博克　责任编辑：邓涛　助理编辑：陈若芸　特约编辑：刘丹亭　美术设计：翠翠　电话：010-53606116（发行部）　印刷：北京利丰雅高长城印刷有限公司
开　　本：889 毫米 ×1092 毫米　1/16　印张：2.5　版次：2023 年 9 月第 1 版　印次：2023 年 9 月第 1 次印刷　ISBN 978-7-5395-8250-4　定价：24.80 元

　　"我很乐意参加，"科丽说，"你真的觉得我能赢吗？"
　　这一天是星期二。这周是大家待在灰熊营的最后一周，到了星期日，每个人都会参与投票，选出营地的代言人。如果科丽赢了，她就可以穿上著名的灰熊服，带领全体100名营员进行灰熊大游行。她的照片也会被永久地陈列在灰熊营的名人堂里。

"你一定会赢的！"雅各布说。

"我很乐意成为灰熊代言人。但丹尼尔和索菲已经开始竞选了。"科丽说。

"丹尼尔真的很受欢迎。"科丽接着说，"索菲又是帆船俱乐部的成员，那可是营地最大的社团。看看《灰熊日报》上的这篇文章。"

《灰熊日报》上设有民意调查专栏。记者们想看看目前谁处在领先位置。于是，他们采访了全体100位营员，了解他们的投票意愿。

然后，他们画出了一张饼状图，展示所有营员的想法。

"别担心，"雅各布说，"我们还没开始行动呢。"

"是的，"凯蒂说，"看看那些还没做出决定的人，你还是有机会的。"

"好的，"科丽说，"我会尽最大努力去赢得选票。"

星期三，科丽宣布她会参加竞选。当天下午，《灰熊日报》又进行了一次民意调查。记者们再一次调查了所有营员的投票意愿。

"我们还有很长的路要走。"那天下午，科丽感叹道。
"我们才刚刚开始。"雅各布说。
"你已经赢得了10%的支持。"凯蒂说，"而且只用了
一天的时间！"

星期四，丹尼尔向每个营员发放了传单。帆船俱乐部的会员则统一穿上了印有索菲名字的T恤。

科丽走访了所有的小屋，和每个人打招呼。她仔细询问大家，希望代言人在游行时做些什么。

星期五，《灰熊日报》刊登了最新的民意调查。

"你已经赢得了超过20%的支持。"凯蒂说。

"你正在赶上他们！"雅各布说。

# 灰熊日报

## 索菲保持领先

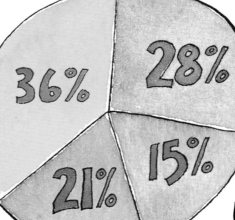

36人说他们会投票给索菲。

28人说他们会投票给丹尼尔。

21人说他们会投票给科丽。

15人还没有做出决定。

75%的营地兔子喜欢胡萝卜蛋糕胜过巧克力奶昔。

　　星期六，丹尼尔向大家分发了棒棒糖。帆船俱乐部为索菲举办了一场帆船赛。在当晚的篝火晚会上，每位候选人都有机会发表一次演讲。

　　"请投票给我！"索菲说，"我会让游行变得别具一格！"接着，她在所有人面前表演了一个侧手翻。

"请投票给我！"丹尼尔说，"大家还记得那些棒棒糖吗？"
下面该轮到科丽了。

科丽站了起来。她虽然有些紧张，但还是很清晰地表达了自己的想法。

"我之前询问了你们中的很多人，想知道大家最希望代言人在游行中做些什么。"她说，"在听到你们的回答后，我决定为营地创作一首新营歌。"

"啊？"丹尼尔表示不解。

"谁会在乎营歌呢？"索菲说。

23

音乐俱乐部成员全都站了起来，他们开始
弹奏乐器。科丽唱起了灰熊营营歌：

1，2，3，4——
听听我们灰熊的吼叫！
嗷呜，嗷呜，嗷呜！

音乐俱乐部开始绕着篝火转圈。其他营员也一个
接着一个地站起来，加入了队列。科丽继续唱道：

2，4，6，8——
为优秀的灰熊们骄傲！
嗷呜，嗷呜，嗷呜！

很快，所有人都加入了队伍，跟着大声合唱起来。

星期天是大家正式投票的日子。《灰熊日报》在投票结束后立刻刊登了一份特别报道。

# 灰熊日报

## 科丽获胜！

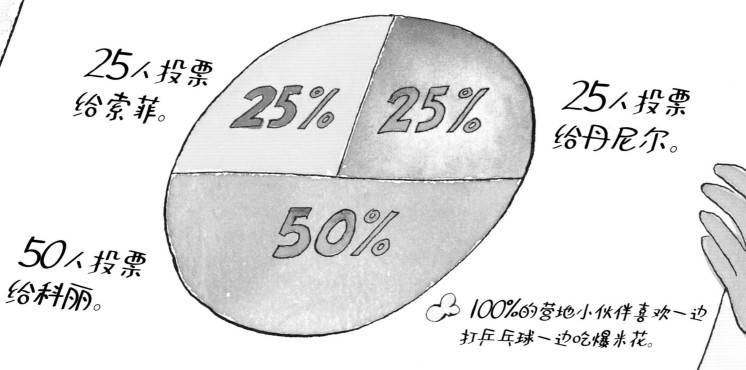

25人投票给索菲。

25人投票给丹尼尔。

50人投票给科丽。

100%的营地小伙伴喜欢一边打乒乓球一边吃爆米花。

当天晚些时候，科丽穿上灰熊服，给了雅各布和凯蒂一人一个大大的熊抱。然后她走到队伍最前面，带领整个营地——100%的营员——唱起了灰熊营营歌。

1, 2, 3, 4——
听听我们灰熊的吼叫!
嗷呜，嗷呜，嗷呜!

2, 4, 6, 8——
为优秀的灰熊们骄傲!
嗷呜，嗷呜，嗷呜!
灰熊营，灰熊营，
我们的骄傲!

　　《灰熊日报》所涉及的数学概念是百分比。百分比是一种比例关系，意思是将一个整体平均分成100份，其中一部分占有的份数。人们有时会用饼状图表示百分比。这个概念在现实生活中应用很广，尽早接触有助于孩子们掌握这一重要的数学技能。

　　对于《灰熊日报》所呈现的数学概念，如果你们想从中获得更多乐趣，有以下几条建议：

　　1. 和孩子一起阅读这个故事。观察饼状图，问问孩子，每次民意调查后饼状图有什么变化。设计一些问题，如："今天科丽的支持率增长了百分之几？""当科丽的支持率上升时，图上发生了什么变化？"

　　2. 再次阅读故事，让孩子算出每个图表中显示的百分比之和。让孩子明白，图中的百分比相加之和一定是100%。

　　3. 帮助孩子画两张饼状图，第一张图由一个代表50%的部分和两个代表25%的部分组成，第二张图由一个代表25%的部分和一个代表75%的部分组成。让孩子通过观察和计算，明白50%就是饼状图的 $\frac{1}{2}$，25%就是饼状图的 $\frac{1}{4}$，从而体会到百分比与分数的对应关系。

　　4. 利用10×10的网格图（总共有100个方格）表示百分比。如果要表示10%，就将其中10个方格涂上颜色。让孩子将故事中索菲、丹尼尔和科丽的支持率分别用网格涂色的方式表现出来。

如果你想将本书中的数学概念扩展到孩子的日常生活中，可以参考以下这些游戏活动：

1. 厨房切分：将一块黄油或一块豆腐切成两半，然后将其中的半块再切成两半。让孩子用分数来表示它们（$\frac{1}{2}$ 和 $\frac{1}{4}$），然后问问孩子，哪一块是整体的25%。挑出最大的一块，问问孩子它在整块中所占的百分比是多少。把 $\frac{1}{4}$ 块和 $\frac{1}{2}$ 块放在一起，问问孩子这两块加起来代表哪个分数，如果用百分比表示又是多少。

2. 专注力游戏：在8张卡片上各写一个不同的分数（如 $\frac{1}{2}$、$\frac{1}{4}$、$\frac{3}{4}$、$\frac{1}{10}$、$\frac{3}{10}$、$\frac{40}{100}$、$\frac{65}{100}$ 和 $\frac{95}{100}$），再在另外8张卡片上写出相应的百分数。打乱卡片顺序后，将卡片正面朝下排列好。第一位玩家随机翻出两张卡片，如果它们的数值相等，就可以保留这两张卡片，然后再翻一次；如果卡片上的数值不相等，就把卡片放回原处，由下一位玩家来翻卡片。当所有的卡片都翻完后，拥有卡片数量最多的玩家获胜。

3. 模拟调查：让孩子在家人或朋友当中进行调查，询问他们最喜欢的电视节目、运动项目或其他值得调查的事情，用饼状图表示调查结果。

# 洛克数学启蒙

**1**

| | |
|---|---|
| 《虫虫大游行》 | 比较 |
| 《超人麦迪》 | 比较轻重 |
| 《一双袜子》 | 配对 |
| 《马戏团里的形状》 | 认识形状 |
| 《虫虫爱跳舞》 | 方位 |
| 《宇宙无敌舰长》 | 立体图形 |
| 《手套不见了》 | 奇数和偶数 |
| 《跳跃的蜥蜴》 | 按群计数 |
| 《车上的动物们》 | 加法 |
| 《怪兽音乐椅》 | 减法 |

**2**

| | |
|---|---|
| 《小小消防员》 | 分类 |
| 《1、2、3，茄子》 | 数字排序 |
| 《酷炫100天》 | 认识1~100 |
| 《嘀嘀，小汽车来了》 | 认识规律 |
| 《最棒的假期》 | 收集数据 |
| 《时间到了》 | 认识时间 |
| 《大了还是小了》 | 数字比较 |
| 《会数数的奥马利》 | 计数 |
| 《全部加一倍》 | 倍数 |
| 《狂欢购物节》 | 巧算加法 |

**3**

| | |
|---|---|
| 《人人都有蓝莓派》 | 加法进位 |
| 《鲨鱼游泳训练营》 | 两位数减法 |
| 《跳跳猴的游行》 | 按群计数 |
| 《袋鼠专属任务》 | 乘法算式 |
| 《给我分一半》 | 认识对半平分 |
| 《开心嘉年华》 | 除法 |
| 《地球日，万岁》 | 位值 |
| 《起床出发了》 | 认识时间线 |
| 《打喷嚏的马》 | 预测 |
| 《谁猜得对》 | 估算 |

**4**

| | |
|---|---|
| 《我的比较好》 | 面积 |
| 《小胡椒大事记》 | 认识日历 |
| 《柠檬汁特卖》 | 条形统计图 |
| 《圣代冰激凌》 | 排列组合 |
| 《波莉的笔友》 | 公制单位 |
| 《自行车环行赛》 | 周长 |
| 《也许是开心果》 | 概率 |
| 《比零还少》 | 负数 |
| 《灰熊日报》 | 百分比 |
| 《比赛时间到》 | 时间 |